Tania Laura Barra Quispe
David Eleazar Barra Quispe
Paola Katherin Mantilla Cruz

Valor nutricional de los alimentos callejeros

AF293026

Tania Laura Barra Quispe
David Eleazar Barra Quispe
Paola Katherin Mantilla Cruz

Valor nutricional de los alimentos callejeros

Aporte calórico y dosificación

Editorial Académica Española

Imprint
Any brand names and product names mentioned in this book are subject to trademark, brand or patent protection and are trademarks or registered trademarks of their respective holders. The use of brand names, product names, common names, trade names, product descriptions etc. even without a particular marking in this work is in no way to be construed to mean that such names may be regarded as unrestricted in respect of trademark and brand protection legislation and could thus be used by anyone.

Cover image: www.ingimage.com

Publisher:
Editorial Académica Española
is a trademark of
Dodo Books Indian Ocean Ltd. and OmniScriptum S.R.L publishing group

120 High Road, East Finchley, London, N2 9ED, United Kingdom
Str. Armeneasca 28/1, office 1, Chisinau MD-2012, Republic of Moldova, Europe
Printed at: see last page
ISBN: 978-613-9-43341-4

INDICE

CALORÍAS DE LOS JUGOS DE FRUTA ARTESANALES DE EXPENDIO AL CONSUMIDOR

Tania Laura Barra Quispe

Universidad Nacional del Altiplano Puno

tanialbq@unap.edu.pe

Orcid: 0000-0003-1585-6314

950756197

Puno – Perú

David Eleazar Barra Quispe

Universidad Nacional del Altiplano Puno

debarra@unap.edu.pe

Orcid: 0000-0003-0596-3829

Puno – Perú

Paola Katherin Mantilla Cruz

Universidad Nacional del Altiplano

Orcid: 0000-0001-6996-5810

fabpaolamc7@gmail.com

Puno-Perú

RESUMEN

La composición de nutrientes del jugo de fruta es un elemento clave a considerar al analizar su influencia en la salud humana. Esta bebida, elaborada a partir de la extracción de frutas y consumida líquida, contiene nutrientes esenciales como vitaminas, minerales y antioxidantes. La composición nutricional del jugo de fruta varía dependiendo del tipo de fruta. Este estudio tuvo como objetivo determinar el aporte calórico de los jugos especiales de frutas expendidos al consumidor en la ciudad de Puno. La investigación fue de tipo cuantitativo, observacional, prospectivo, transversal y de diseño descriptivo. Se analizaron 60 jugos especiales provenientes de 60 juguerías ubicadas en cuatro mercados principales de la ciudad. Los ingredientes de cada jugo se pesaron con una balanza dietética, lo que permitió calcular el aporte calórico y de macronutrientes. Este procedimiento se llevó a cabo en dos ocasiones. Se encontró que el contenido promedio de macronutrientes y kilocalorías en una ración de 280 ml de jugo de fruta especial vendida en las 60 juguerías de los cuatro principales mercados de la ciudad de Puno, Perú, fue de 143.6 g de carbohidratos, 14.0 g de grasa, 20,6 g de proteínas, y un total de 783 kcal por ración. En conclusión, estos jugos aportan un alto contenido de carbohidratos, principalmente simples, en comparación con los otros dos macronutrientes (grasas y proteínas).

Palabras clave: Aporte calórico, Jugo de fruta artesanal, Macronutrientes

ABSTRACT

The nutrient composition of fruit juice is a key element to consider when analyzing its influence on human health. This drink, made from fruit extraction and consumed liquid, contains essential nutrients such as vitamins, minerals and antioxidants. The nutritional composition of fruit juice varies depending on the type of fruit. The objective of this study was to determine the caloric intake of special fruit juices sold to consumers in the city of Puno. The research was quantitative, observational, prospective, cross-sectional and descriptive in design. Sixty specialty juices from 60 juice shops located in four main markets of the city were analyzed. The ingredients of each juice were weighed with a dietary scale, which made it possible to calculate the caloric and macronutrient intake. This procedure was carried out on two occasions. It was found that the average macronutrient and kilocalorie content in a 280 ml serving of specialty fruit juice sold in the 60 juice shops in the four main markets of the city of Puno, Peru, was 143.6 g of carbohydrates, 14.0 g of fat. The total amount of fat, 20.6 g of protein, and a total of 783 kcal per serving. In conclusion, these juices provide a high content of carbohydrates, mainly simple carbohydrates, compared to the other two macronutrients (fat and protein).

Keywords: Caloric intake, Artisanal fruit juice, Macronutrients, Calorie intake, Macronutrients

INTRODUCCIÓN

Es vital saber cuántas calorías contienen los alimentos y bebidas que consumimos para saber de qué manera trabajar en pro de unos hábitos alimenticios saludables(Naomi et al. 2021). Este conocimiento adquirido nos habilita para ser capaces de tomar decisiones informadas acerca de los alimentos que escogemos para ingerir, sobre todo en un momento en el que la obesidad, junto con las patologías derivadas de ésta, se constituye en una problemática social preocupante(Basu y Penugonda 2009). En este contexto resulta crucial indagar en las calorías que presenta el zumo de fruta, una bebida muy habitual y comúnmente considerada, de manera errónea, como saludable(Scheffers et al. 2022). Más allá del agrado que puede producirnos el zumo de frutas, tiene algunas desventajas a las que no deberíamos dar la espalda. A lo largo de su elaboración pueden perderse algunas sustancias nutritivas importantes, con lo que dejamos de aportar a nuestro organismo ciertas substancias nutritivas fundamentales. Además de ello, teniendo en cuenta el estado actual del consumo de azúcar, el exceso en el consumo de zumo de frutas puede provocar lo que se conoce como obesidad, producir complicaciones como la diabetes y las enfermedades cardíacas(Choo et al. 2018). En la actualidad, así pues, es lógico que haya que conocer las calorías de nuestros alimentos y bebidas(Rodríguez Delgado et al. 2017). La profundización en este aspecto nos permitirá estar más atentos a nuestras ingestas calóricas y a la vez dispone de informaciones de interés en cuanto a los aspectos nutricionales del zumo de frutas(Ashraf et al. 2024). A partir del análisis detallado de sus nutrientes, de los componentes concretos con que está elaborado podemos tomar determinaciones ponderadas en cuanto a si podemos o no incorporar el consumo del zumo de frutas a nuestra dieta(Naomi et al. 2021). El estudio acerca de las calorías que contiene el jugo de fruta, de la mano del consumidor, le brinda información necesaria para que el consumidor entienda más sobre las propiedades nutritivas del producto (Lee et al. 2022). Este conocimiento no resulta únicamente útil para aquellas personas que optan por sustituir sus costumbres alimentarias por otras mejores, sino que puede ayudar a reforzar políticas públicas encargas de controlar la comercialización de productos alimentarios, especialmente aquellos dirigidos a la población infantil. Con medidas para limitar el consumo energético excesivo y la promoción de alternativas más nutritivas, predecimos y prevenimos enfermedades en las generaciones futuras(Basu y Penugonda 2009).

La importancia del valor nutricional y energético de los jugos vendidos en las "juguerías" no solo es positiva para llevar a cabo sendas decisiones acerca de la dieta que uno mismo elige, sino que también influye en la salud pública y en la elaboración de la regulación normativa(Melo y Peraçoli 2007). Entender a fondo el contenido energético verdadero que tiene el zumo de fruta puede servir para que todo el mundo (todos los ciudadanos) podamos llevar a cabo decisiones más aseguradas y promover, de una manera más amplia y colectiva, costumbres alimentarías más adecuadas para la salud de la población (Ashraf et al. 2024).

METODOLOGÍA

El presente estudio es de tipo cuantitativo, observacional, prospectiva, transversal y de diseño descriptivo. Se seleccionaron 15 juguerías de cada uno de los principales mercados de la ciudad de Puno (4 mercados), lo que suma un total de 60 juguerías. En cada establecimiento se adquirió una ración de jugo "especial", el cual es el más solicitado por los consumidores y cuyo precio oscila entre 7.00 s/. y 12.00s/. nuevos soles, dependiendo de cada local.

Antes de su procesamiento, se solicitó cada ingrediente del jugo especial, es decir, uno a uno, en frascos especiales herméticos. Esto permitió posteriormente pesarlos con la ayuda de una balanza dietética de la marca Soehnle. De esta manera, se obtuvieron los pesos netos que se utilizan en los jugos de fruta especial vendidos por las juguerías de los cuatro mercados. Es importante destacar que este procedimiento se llevó a cabo en dos ocasiones para acercarse lo más posible a la realidad.

Con los pesos netos obtenidos, se calculó el contenido de macronutrientes y kilocalorías utilizando el software Nutricalcs. Estos datos se registraron y analizaron en una hoja de cálculo en Excel para obtener los promedios de kilocalorías, carbohidratos, grasas y proteínas por cada juguería y puesto de mercado. Posteriormente, se presentaron estos resultados en forma de gráficas.

RESULTADOS

Se identificó el contenido de macronutrientes y kilocalorías en una ración de 280 ml de jugo de fruta especial vendido en las juguerías de los cuatro principales mercados de la ciudad de Puno, Perú. Como se muestra en la figura 1, en promedio, el jugo especial de las juguerías ubicadas en el mercado principal 1 aporta 174.9g de carbohidratos y 699.7kcal provenientes de este macronutriente, seguido del mercado principal 2, cuyo contenido es de 161.5 g de carbohidratos, equivalente a 646.1 kcal. De manera similar, en cuanto al aporte de grasa, como se muestra en la figura 2, nuevamente son los mercados principales 1 y 2 cuyas juguerías ofrecen el jugo especial con mayor contenido de este macronutriente, siendo 18.7 g (167.9 kcal) y 15.1 g (135 kcal) de grasa, respectivamente. En el mismo sentido, en cuanto al aporte proteico (ver figura 3), estos dos mercados también ofrecen el jugo especial de fruta con mayor contenido de proteínas, siendo el mercado principal 1 el que aporta 174.9 g (699 kcal) de proteínas y el mercado principal 2, 161.5 g (646.1 kcal) de proteínas. Finalmente, en promedio (ver figura 4), de las 60 juguerías ubicadas en los cuatro mercados principales de esta ciudad, una ración de jugo de fruta especial (280 ml), elaborado a base de papaya, plátano, pera, manzana, piña, leche, zumo de zanahoria, huevo, maca, algarrobina, miel, polen, frutos secos, 7 cereales, cerveza y, en algunos casos, vino, aporta en promedio 143.6 g de carbohidratos, principalmente simples, 14.0 g de grasa, proveniente tanto de fuentes animales como vegetales, 20.6 g de proteínas, principalmente de origen vegetal y en menor medida animal, y un total de 783 kcal de toda la preparación.

Por otro lado, en la figura 5 se observa que el mercado principal N°04 tiene el costo promedio más alto de los jugos artesanales de fruta (10.00 s/.), y a su vez, es quien más calorías aporta en comparación con las juguerías del mercado N°01, cuyo precio promedio es de 8.00 s/. y el aporte calórico es el más bajo. Sin embargo, el mercado N°03 presenta el costo más bajo, siendo el segundo en el orden de mayor aporte calórico.

En la tabla N°01 se muestra la variabilidad en el contenido nutricional y el precio de los jugos de fruta artesanales en diferentes mercados, indicando tanto los valores mínimos como máximos para cada parámetro. El Mercado Principal 01 presenta la mayor variabilidad en todos los aspectos, mientras que el Mercado Principal 02 tiene valores fijos para el precio y menor variabilidad en el contenido de macronutrientes y calorías.

Figura 1. Contenido de carbohidratos en el jugo de fruta especial de expendio al consumidor puneño.

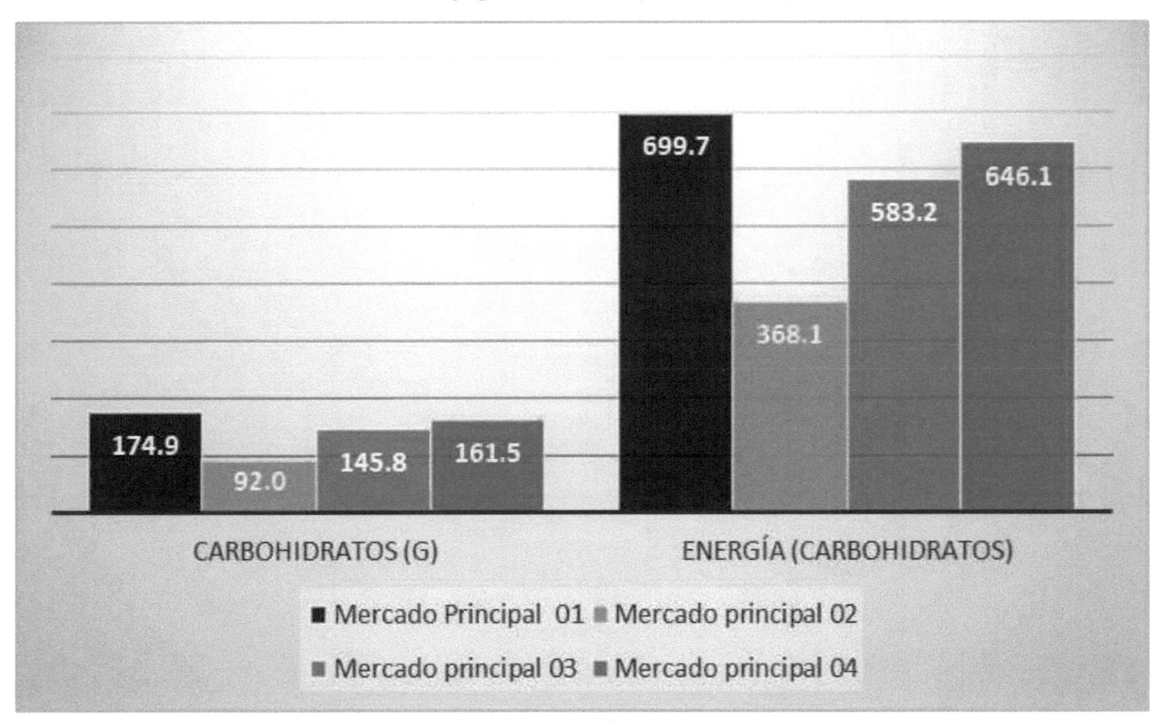

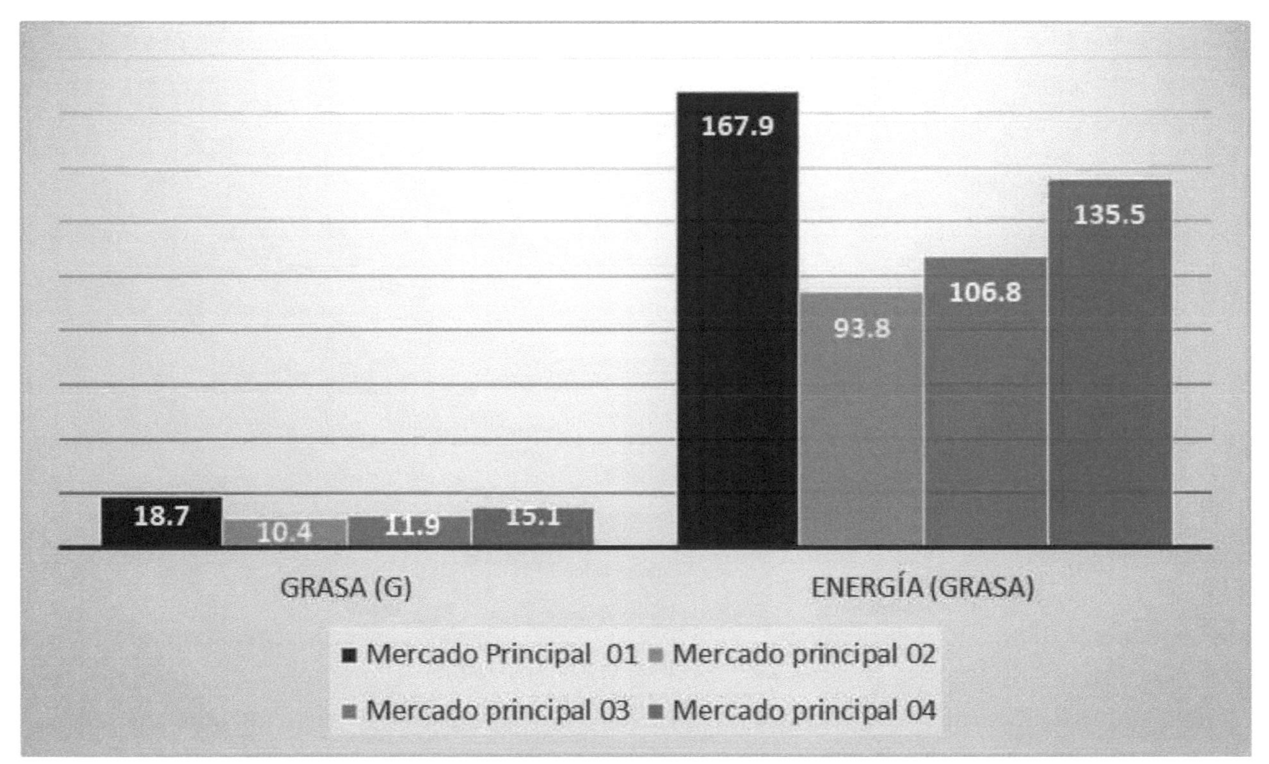

Figura 2. Contenido de grasa en el jugo de fruta especial de expendio al consumidor puneño.

Figura 3. Contenido de proteínas en el jugo de fruta especial de expendio al consumidor puneño.

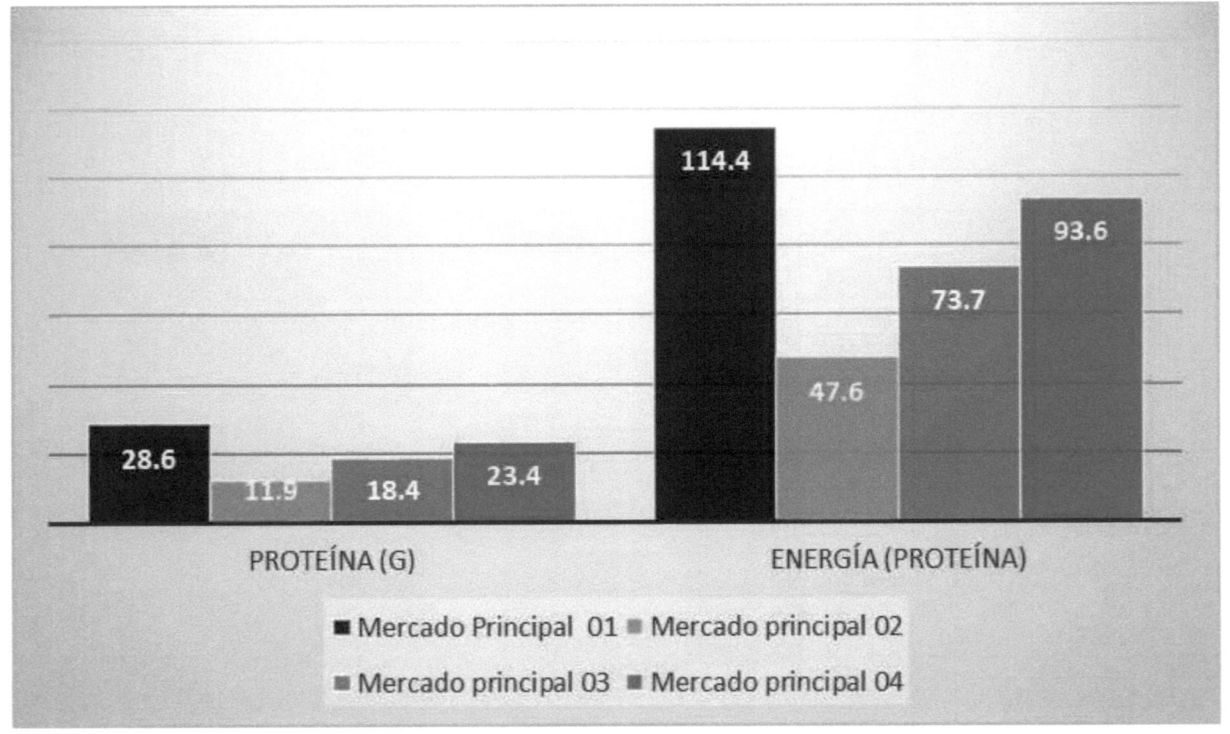

Figura 4. *Promedio de contenido de los macronutrientes en el jugo de fruta especial de expendio al consumidor puneño.*

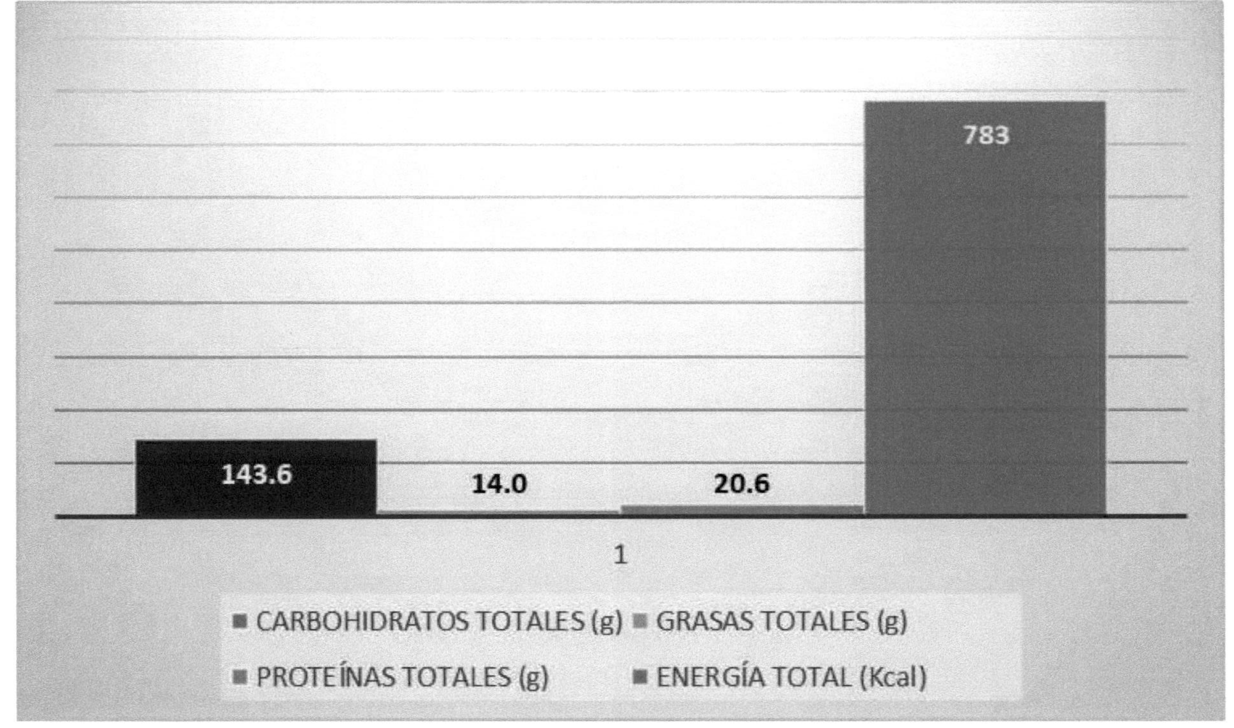

Figura 5. Promedio de costo y contenido de macronutrientes y calorías totales en el jugo de fruta especial de expendio al consumidor Puno

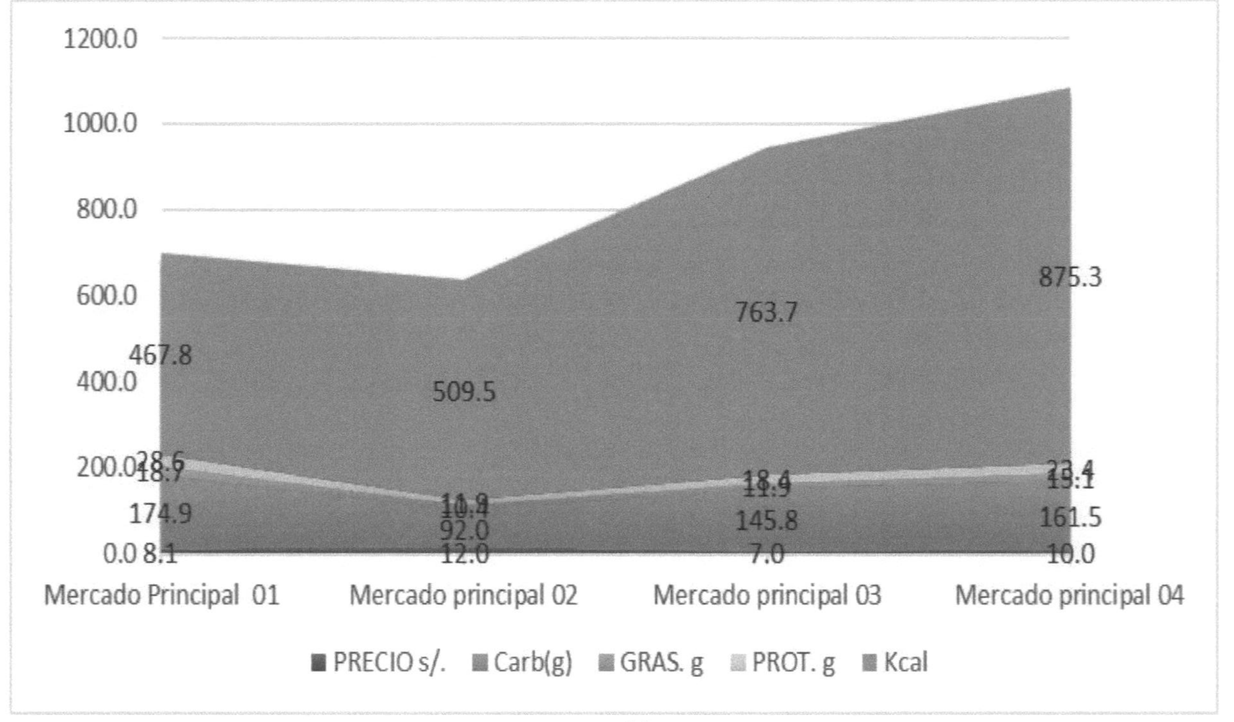

14

Tabla 1. Aporte de macronutrientes y calorías mínimos y máximos en el jugo de fruta especial de expendio al consumidor Puno

MERCADO		PRECIO s/.	CARB. g	GRAS. g	PROT. g	Kcal
Mercado Principal 01	min	7	80.93	10.6	12.16	106.87
	max	11	492.18	28.48	51.78	557.31
Mercado Principal 02	min	12	81.81	6.28	9.46	98.53
	max	12	132.98	17.53	14.81	150.61
Mercado Principal 03	min	7	109.62	8.33	10.05	143.18
	max	7	228.26	15.38	27.25	263.84
Mercado Principal 04	min	10	135.75	7.12	19.32	162.19
	max	10	207.81	24.133	30.193	262.136

DISCUSIÓN

En los últimos años, el consumo de jugo de fruta ha experimentado un auge considerable, ya que podría tener una repercusión importante en la salud del ser humano(Tojo Sierra 2003). La velocidad con la que sucede nuestra rutina del día a día y con la que solemos desayunar, ya que debemos llegar puntuales al trabajo, a la universidad o al colegio, favorece un desayuno a veces rápido y sin apetito(Choo et al. 2018). La creencia popular de que no desayunar perjudica la salud, ya que es la comida más importante del día, hace que optemos por consumir jugo de frutas como opción rápida. Sin embargo, esta opción no siempre es la más saludable(J. Yu et al. 2023), ya que los jugos de frutas pueden ser muy azucarados, además que suelen ir acompañados de productos como la mantequilla, la margarina, la mermelada o las mortadelas, entre otros, que aumentan su contenido calórico y, por ende, reducen su valor nutricional. De hecho, si parece que el jugo de frutas y el pan con acompañamientos son productos energéticos para desayunar, en realidad lo que tienen en común es que están formados principalmente por carbohidratos simples(Scheffers et al. 2022). Las recomendaciones de la salud pública indican que los azúcares libres, que no sean los que tienen propiamente los alimentos y bebidas, no deben superar al 10% de la ingesta diaria de calorías. De hecho, para tener un rendimiento más favorable para la salud, se suele aconsejar no superar el 5% de la ingesta diaria de azúcares libres(Morales-Cahuancama et al. 2022).

En el presente estudio es posible apreciar cómo los jugos de frutas caseros comercializados en las juguerías de la ciudad de Puno presentan, en kilocalorías, una gran aportación, siendo los carbohidratos simples los mayores componentes (143,6 g), lo que supera la cantidad de carbohidratos necesarios para un desayuno, considerando un 25%

misma con una distribución equitativa de 2000 kcal. Si la costumbre de beber estos jugos se instaurara entre los habitantes de Puno podría resultar perjudicial para su salud por el incremento del riesgo de acumulación de grasa en el hígado, una patología conocida como hígado graso no alcohólico(B. Yu et al. 2023).

La creciente aparición de casos de hígado graso en la población ha suscitado un interés creciente por dilucidar si existe relación entre la ingesta de jugo de fruta y el origen de esta enfermedad(Naomi et al. 2022). El hígado graso ha ido adquiriendo importancia a nivel global como problema de salud pública relevante, intensificándose la investigación sobre el posible papel de la ingesta de jugo de fruta en la aparición de esta enfermedad(J. Yu et al. 2023).

Para entender la repercusión de la ingesta de jugo de fruta en la salud es necesario observar qué contexto presenta esta ingesta de jugo de fruta, considerando la alimentación general que se sigue, con la influencia que tiene la publicidad y el marketing(Liu et al. 2023). Hay que considerar las consecuencias amplias que tiene la ingesta de jugo de fruta en la dieta general y los resultados en salud que pueda tener, con el fin de poder decidir de forma fundamentada sobre la conveniencia de su ingestión(Jardí et al. 2019).

CONCLUSIÓN

Los resultados de este estudio concluyen en que un vaso de aproximadamente 280 ml de jugo de fruta artesanal "especial", elaborado principalmente con papaya, plátano, pera, manzana, piña, leche, zumo de zanahoria, huevo, maca, algarrobina, miel, polen, frutos secos, 7 cereales, cerveza y vino, que se venden en las 60 juguerías de los 4 mercados principales de la ciudad de Puno, aporta en promedio 783 kcal. De estas, el 73% proviene de carbohidratos simples, el 16% de grasas y el 10% de proteínas.

REFERENCIAS

Ashraf, R., A. M. Duncan, G. Darlington, A. C. Buchholz, J. Haines, D. W. L. Ma, y Guelph Family Health Study the. 2024. «The degree of food processing contributes to sugar intakes in families with preschool-aged children». *Clinical Nutrition ESPEN* 59:37-47. doi: 10.1016/j.clnesp.2023.11.010.

Basu, Arpita, y Kavitha Penugonda. 2009. «Pomegranate Juice: A Heart-Healthy Fruit Juice». *Nutrition Reviews* 67(1):49-56. doi: 10.1111/j.1753-4887.2008.00133.x.

Choo, Vivian L., Effie Viguiliouk, Sonia Blanco Mejia, Adrian I. Cozma, Tauseef A. Khan, Vanessa Ha, Thomas M. S. Wolever, Lawrence A. Leiter, Vladimir Vuksan, Cyril W. C. Kendall, Russell J. de Souza, David J. A. Jenkins, y John L. Sievenpiper. 2018. «Food Sources of Fructose-Containing Sugars and Glycaemic Control: Systematic Review and Meta-Analysis of Controlled Intervention Studies». *BMJ (Clinical Research Ed.)* 363:k4644. doi: 10.1136/bmj.k4644.

Jardí, Cristina, Núria Aranda, Cristina Bedmar, Blanca Ribot, Irene Elias, Estefania Aparicio, y Victoria Arija. 2019. «Ingesta de azúcares libres y exceso de peso en edades tempranas. Estudio longitudinal». *Anales de Pediatría* 90(3):165-72. doi: 10.1016/j.anpedi.2018.03.018.

Lee, Danielle, Laura Chiavaroli, Sabrina Ayoub-Charette, Tauseef A. Khan, Andreea Zurbau, Fei Au-Yeung, Annette Cheung, Qi Liu, Xinye Qi, Amna Ahmed, Vivian L. Choo, Sonia Blanco Mejia, Vasanti S. Malik, Ahmed El-Sohemy, Russell J. de Souza, Thomas M. S. Wolever, Lawrence A. Leiter, Cyril W. C. Kendall, David J. A. Jenkins, y John L. Sievenpiper. 2022. «Important Food Sources of

Fructose-Containing Sugars and Non-Alcoholic Fatty Liver Disease: A Systematic Review and Meta-Analysis of Controlled Trials». *Nutrients* 14(14):2846. doi: 10.3390/nu14142846.

Liu, Q., L. Chiavaroli, S. Ayoub-Charette, A. Ahmed, T. A. Khan, F. Au-Yeung, D. Lee, A. Cheung, A. Zurbau, V. L. Choo, S. B. Mejia, R. J. de Souza, T. M. S. Wolever, L. A. Leiter, C. W. C. Kendall, D. J. A. Jenkins, y J. L. Sievenpiper. 2023. «Fructose-Containing Food Sources and Blood Pressure: A Systematic Review and Meta-Analysis of Controlled Feeding Trials». *PLoS ONE* 18(8 August). doi: 10.1371/journal.pone.0264802.

Melo, Célia Regina Maganha e, y José Carlos Peraçoli. 2007. «Mensuración de la energia despendida en el ayuno y en el aporte calórico (MIEL) en parturientas». *Revista Latino-Americana de Enfermagem* 15:612-17. doi: 10.1590/S0104-11692007000400014.

Morales-Cahuancama, Bladimir, Gandy Dolores-Maldonado, Paul Hinojosa-Mamani, William Bautista-Olortegui, Cinthia Quispe-Gala, Lucio Huamán-Espino, y Juan Pablo Aparco. 2022. «Análisis de la distribución de macronutrientes en canastas alimentarias entregadas por las municipalidades durante la pandemia de COVID-19 en Perú». *Revista Peruana de Medicina Experimental y Salud Pública* 39:6-14. doi: 10.17843/rpmesp.2022.391.9742.

Naomi, Novita, Elske Brouwer-Brolsma, Marion Buso, Sabita Soedamah-Muthu, Johanna Geleijnse, Anne Raben, Jo Harrold, Jason Halford, y Edith Feskens. 2021. «Sugar-Sweetened Beverages, Fruit Juice, and Low-Calorie Beverages, and All-Cause Mortality Risk Among Dutch Adults: The Lifelines Cohort Study Within the SWEET

Project». *Current Developments in Nutrition* 5:1066. doi: 10.1093/cdn/nzab053_059.

Naomi, Novita, Joy Ngo, Elske M. Brouwer-Brolsma, Marion E. C. Buso, Sabita S. Soedamah-Muthu, Carmen Pérez-Rodrigo, Anne Raben, Joanne A. Harrold, Jason C. G. Halford, Lluis Serra-Majem, Johanna M. Geleijnse, y Edith J. M. Feskens. 2022. «Association of Sugar-Sweetened Beverages, Low/No-Calorie Beverages and Fruit Juice Intakes with Non-alcoholic Fatty Liver Disease: The SWEET Project». *Current Developments in Nutrition* 6:934. doi: 10.1093/cdn/nzac067.054.

Rodríguez Delgado, J., M. S. Hoyos Vázquez, J. Rodríguez Delgado, y M. S. Hoyos Vázquez. 2017. «Los zumos de frutas y su papel en la alimentación infantil. ¿Debemos considerarlos como una bebida azucarada más? Posicionamiento del Grupo de Gastroenterología y Nutrición de la AEPap». *Pediatría Atención Primaria* 19(75):103-16.

Scheffers, Floor R., Jolanda M. A. Boer, Ulrike Gehring, Gerard H. Koppelman, Judith Vonk, Henriëtte A. Smit, W. M. Monique Verschuren, y Alet H. Wijga. 2022. «The association of pure fruit juice, sugar-sweetened beverages and fruit consumption with asthma prevalence in adolescents growing up from 11 to 20 years: The PIAMA birth cohort study». *Preventive Medicine Reports* 28:101877. doi: 10.1016/j.pmedr.2022.101877.

Tojo Sierra, R. 2003. «Consumption of fruit juices and beverages by spanish children and teenagers: health implications of their poor use and abuse». *Anales de Pediatría* 58(6):584-93. doi: 10.1016/S1695-4033(03)78126-0.

Yu, Bowei, Ying Sun, Yuying Wang, Bin Wang, Xiao Tan, Yingli Lu, Kun Zhang, y Ningjian Wang. 2023. «Associations of artificially sweetened beverages, sugar-sweetened beverages, and pure fruit/vegetable juice with visceral adipose tissue mass». *Diabetes & Metabolic Syndrome: Clinical Research & Reviews* 17(10):102871. doi: 10.1016/j.dsx.2023.102871.

Yu, J., A. Mahajan, G. Darlington, A. C. Buchholz, A. M. Duncan, J. Haines, D. W. L. Ma, y Family Health Study Guelph. 2023. «Free sugar intake from snacks and beverages in Canadian preschool- and toddler-aged children: a cross-sectional study». *BMC Nutrition* 9(1). doi: 10.1186/s40795-023-00702-3.

CANTIDAD DE INGREDIENTES DOSIFICADOS EN LOS MENÚS QUE SE VENDEN EN LOS RESTAURANTES DE LA CIUDAD DE PUNO

Tania Laura Barra Quispe[1]

tanialbq@unap.edu.pe

https://orcid.org/0000-0003-1585-6314

Universidad Nacional del Altiplano

Perú

David Eleazar Barra Quispe[2]

debarra@unap.edu.pe

https://orcid.org/0000-0003-0596-3829

Universidad Nacional del Altiplano

Perú

Diamilet Rojas Mamani[3]

diamiletrojas@gmail.com

https://orcid.org/0009-0001-4474-9115

Universidad Nacional del Altiplano

Perú

Juan Reynaldo Pardes Quispe[4]

jparedes@unap.edu.pe

https://orcid.org/0000-0002-3847-0554

Universidad Nacional del Altiplano

Perú

RESUMEN

La dosificación de los ingredientes en la preparación de comida es un factor fundamental para obtener resultados satisfactorios. Garantizar la correcta proporción de cada ingrediente contribuye a la calidad del plato final. Sin embargo, es fundamental comprender la importancia de esta dosificación para evitar problemas como sabores y texturas inconsistentes, riesgos de intoxicación alimentaria entre otros. El objetivo del estudio fue identificar la dosificación de alimentos en platos de comida vendidos a los consumidores en zonas de alta afluencia en la ciudad de Puno, Perú. Se llevó a cabo un estudio descriptivo, observacional, prospectivo y transversal. La muestra consistió en 44 restaurantes comerciales, de los cuales se recolectaron 132 preparaciones (44 desayunos, 44 almuerzos y 44 cenas), las cuales fueron llevadas al laboratorio de la Escuela de Nutrición Humana de la Universidad Nacional del Altiplano para realizar la pesada directa y obtener el peso neto cocido, que luego fue convertido a peso neto crudo utilizando factores de conversión, con el fin de contrastarlo con la dosificación recomendada en la tabla de dosificación de alimentos para servicios de alimentación colectiva. Como resultado se encontró que las dosificaciones de alimentos utilizadas en los 44 desayunos, 44 almuerzos y 44 cenas no se ajustan a las recomendaciones establecidas en la tabla de dosificación de alimentos. Concluyendo presencia de excesos en los grupos de cereales y tubérculos, mientras que se detectan deficiencias en la dosificación de verduras, carnes y pescado y ausencia de inclusión de frutas en los tres tiempos de comida.

Palabras clave: Dosificación de ingredientes, Menú, Platos puneños, Restaurante.

ABSTRACT

The dosage of ingredients in food preparation is a fundamental factor in obtaining satisfactory results. Ensuring the correct proportion of each ingredient contributes to the quality of the final dish. However, it is essential to understand the importance of this dosage to avoid problems such as inconsistent flavors and textures, risks of food poisoning, among others. The objective of the study was to identify the dosage of food in food dishes sold to consumers in areas of high affluence in the city of Puno, Peru. A descriptive, observational, prospective and cross-sectional study was carried out. The sample consisted of 44 commercial restaurants, from which 132 preparations were collected (44 breakfasts, 44 lunches and 44 dinners), which were taken to the laboratory of the School of Human Nutrition of the National University of the Altiplano to perform direct weighing and obtain the net cooked weight, which was then converted to net raw weight using conversion factors, in order to contrast it with the dosage recommended in the food dosage table for collective food services. As a result, it was found that the food dosages used in the 44 breakfasts, 44 lunches and 44 dinners were not in accordance with the recommendations established in the food dosage table. It was concluded that there were excesses in the cereal and tuber groups, while deficiencies were detected in the dosage of vegetables, meat and fish and the absence of fruit in the three meal times.

Keywords: Dosage of ingredients, Menu, Puno dishes, Restaurant.

INTRODUCCIÓN

En la actualidad, es crucial investigar la comida que se sirve en los restaurantes, ya que la proliferación de estos establecimientos a nivel mundial es el resultado de cambios en los hábitos alimentarios a lo largo del tiempo(Villegas Villegas 2011). Este tema ha ganado relevancia debido a la preocupación por la salud y el bienestar de las personas, la evaluación de la calidad nutricional de los alimentos, y la promoción de prácticas sostenibles en la industria alimentaria. Además, proporciona conocimientos sobre los ingredientes utilizados, la identificación de posibles alérgenos y la prevención de enfermedades relacionadas con la alimentación. La dosificación de alimentos es fundamental para garantizar una alimentación adecuada y equilibrada. Una dosificación apropiada asegura que las personas consuman la cantidad correcta de nutrientes, evitando tanto la falta como el exceso de ingesta(Zheng et al. 2023). Contribuye a mantener la salud y prevenir enfermedades relacionadas con la alimentación, optimizando la utilización de los recursos alimentarios y asegurando un acceso equitativo a los alimentos para toda la población. Una dosificación adecuada conlleva diversos beneficios para la salud y el bienestar. Permite satisfacer las necesidades nutricionales de manera precisa, fortaleciendo el sistema inmunológico, previniendo enfermedades, manteniendo un peso saludable y controlando el hambre y la saciedad(Hernánzez Elizondo et al. 2019).

Conocer la cantidad de ingredientes dosificados en las preparaciones que cocinan los restaurantes de la calle es fundamental para asegurar la calidad de los alimentos ofrecidos a los consumidores. Esto implica el uso adecuado de cada ingrediente, previene problemas de salud, garantiza el valor nutricional de la comida, y optimiza los costos de producción al evitar desperdicios y utilizar los ingredientes de manera eficiente(Singh et al. 2023).

METODOLOGÍA

La investigación es de nivel descriptivo, observacional, prospectivo y transversal. Se recolectaron 132 preparaciones, incluyendo 44 desayunos, 44 almuerzos y 44 cenas, de una muestra de 44 establecimientos donde se expenden comidas. Estos lugares fueron seleccionados de un total de 50 mediante una ecuación matemática para el cálculo del tamaño muestral para población finita. Los establecimientos elegidos son restaurantes comerciales que ofrecen un menú convencional con un precio no mayor a 10.00 nuevos soles, cuentan con infraestructura y están ubicados en áreas cercanas a la zona universitaria, zona centro y zona de mercados de la ciudad de Puno. Se seleccionaron preparaciones que permiten separar los ingredientes y que son comúnmente solicitadas por los consumidores, excluyendo aquellos lugares que ofrecen preparaciones como chocolate con leche, api, jugo de quinua, cañihua, salchipapas, pollo a la brasa, pollo broaster y similares.

Los 44 restaurantes fueron seleccionados aleatoriamente mediante un muestreo probabilístico utilizando la aplicación en línea "App Sorteos". Cada preparación fue llevada al laboratorio de la Escuela de Nutrición Humana de la Universidad Nacional del Altiplano para realizar una pesada directa, técnica que consistió en separar los ingredientes uno a uno utilizando utensilios de cocina como platos, cucharas, tenedores, coladores y jarras medidoras. Se determinó el peso neto cocido utilizando una balanza dietética digital de la marca Soehnle con una capacidad de 5000g y una precisión de 1g. Luego, este peso se convirtió en peso neto crudo utilizando los factores de conversión de la tabla correspondiente de factores de conversión de peso de alimentos cocidos a crudos. Esto permitió contrastar el exceso o déficit en la dosificación con la tabla de dosificación de alimentos para servicios de alimentación colectiva.

Los datos obtenidos fueron procesados en una hoja de cálculo en Excel para calcular los promedios de dosificación de cada ingrediente en cada preparación y tiempo de comida. El análisis incluyó la determinación de promedios, y los resultados se presentaron en tablas.

RESULTADOS

Se han detectado deficiencias en la dosificación de ingredientes presentes en los caldos, sopas y cremas que se venden durante el desayuno en los restaurantes de la ciudad de Puno, como se detalla en la tabla 1. Específicamente, se observaron deficiencias de dosificación de más de 10 g en ingredientes como el poro (D en 11 g), repollo (D en 21 g), cebolla (D en 23 g), carne de res (D en 65 g), pollo (D en 60 g) y garbanzo (D en 24 g). Por otro lado, se encontró un exceso de más de 20 g en la dosificación de arroz (E en 124 g), arrocillo (E en 67 g), morón (E en 60 g), trigo partido (E en 148 g), papa (E en 20 g) y chuño (E en 22 g). En cuanto a los guisos y segundos vendidos durante el desayuno, como se detalla en la tabla 2, se observó una deficiente dosificación de más de 10 g en arveja (D en 11 g), tomate (D en 34 g), vainita (D en 12 g), carne de res (D en 76 g), carne de cordero (D en 95 g), carne de res parte costilla (D en 61 g), pollo (D en 58 g), papa (D en 29 g), huevo en tortilla o frito (D en 25 g) y trucha (D en 43 g). Por otro lado, se encontró un exceso de más de 20 g en la dosificación de arroz (E en 104 g), papa dorada o frita (E en 31 g) y plátano frito (E en 38 g).

En relación con los caldos, sopas y cremas servidos en la hora del almuerzo, como se muestra en la tabla 3, se observaron deficiencias de más de 10 g en la dosificación de espinaca (D en 18 g), pimentón (D en 22 g), repollo (D en 20 g), vainita (D en 18 g), carne de res (D en 65 g), pollo (D en 70 g), yuca (D en 24 g) y garbanzo (D en 24 g), mientras que se excedieron hasta en más de 20 g en la dosificación de arroz (E en 128 g), fideo (E en 122 g), morón (E en 75 g) y quinua (E en 162 g).

Asimismo, en relación con los guisos y segundos servidos por parte de los restaurantes durante el almuerzo, como se muestra en la tabla 4, se observaron deficiencias de más de 10 g en la dosificación de brócoli (D en 16 g), pimentón (D en 28 g), tomate (D en 35 g), carne de res (D en 75 g), carne de cerdo (D en 80 g), pollo (D en 53 g), salchicha (D en 33 g), hígado (D en 23 g), jurel (D en 75 g), huevo en tortilla o frito (D en 49 g), maíz (D en 33 g), queso (D en 32 g), papa (D en 21 g), papa dorada o frita (D en 22 g) y aceituna (D en 20 g). Mientras que los excedidos en más de 20 g fueron el arroz (E en 84 g), fideo (E en 129 g), chuño (E en 11 g), camote (E en 75 g) y ocopa (E en 32 g).

Respecto a los caldos, sopas y cremas servidos durante la cena, como se muestra en la tabla 5, se evidenciaron deficiencias de 10 g en la dosificación de espinaca (D en 27 g), pimentón (D en 23 g), repollo (D en 15 g), vainita (D en 17 g), maíz (D en 24 g), carne de res (D en 59 g), pollo (D en 41 g) y chuño (D en 33 g), mientras que se excedieron en 20 g la dosificación de arroz (E en 117 g), fideo (E en 155 g), morón (E en 141 g) y sémola (E en 184 g).

Finalmente, en relación con los guisos y segundos servidos por los restaurantes durante la cena, como se muestra en la tabla 6, se observaron deficiencias de 10 g a más en la cebolla (D en 13 g), lechuga (D en 11 g), tomate (D en 33 g), carne de res (D en 71 g), pollo (D en 53 g), filete de conserva de atún (D en 110 g), papa (D en 31 g) y lenteja (D en 14 g), mientras que los excedidos en más de 20 g fueron el arroz (E en 68 g) y fideo (E en 30 g).

Tabla 1

Dosificación de ingredientes de los caldos, sopas y cremas que se sirven en los restaurantes durante el desayuno

Grupo de alimentos	Ingredientes utilizados	PPNE	PPNR
Verduras	Apio	9g	16g
	Perejil	9g	15g
	Poro	4g	15g
	Repollo	3g	24g
	Cebolla	1g	24g
	Zanahoria	7g	15g
	Zapallo	9g	21g
	Carne (res)	5g	70g
	Carne (cordero)	84g	70g
Carnes	Pata (cordero)	114g	120g
	Pata (res)	138g	120g
	Pollo	10g	70g
Cereales granos	Arroz	144g	20g

		PPNE	PPNR
	Arrocillo	87g	20g
	Morón	90g	30g
	Trigo partido	168g	20g
Leguminosas legumbres y derivados	Garbanzo	1g	25g
Tubérculos raíces y preparados	Papa (cocida)	70g	50g
	Chuño	67g	45g

PPNE: Promedio peso neto encontrado, PPNR: Promedio peso neto recomendado

Tabla 2

Dosificación de ingredientes de guisos y segundos que se sirven en los restaurantes durante el desayuno

Grupo de alimentos	Ingredientes utilizados	PPNE	PPNR
Verduras	Arveja	4g	15g
	Cebolla	41g	45g
	Lechuga	22g	30g
	Tomate	6g	40g
	Vainita	8g	20g
	Zanahoria	12g	20g
Carnes	Carne (res)	44g	120g
	Carne (cordero)	25g	120g
	Carne de res (costilla)	59g	120g
	Pollo	62g	120
	Salchicha	40g	40g
Cereales granos	Arroz	204g	100g
	Fideo	91g	90g
Tubérculos y preparados	Papa	61g	90g
	Chuño	52g	50g

Grupo de alimentos	Ingredientes utilizados	PPNE	PPNR
	Papa dorada o frita	101g	70g
Leches y sus derivados	Queso	42g	50g
Huevos	Huevo ((tortilla, frito)	35g	60g
Pescados	Trucha	87g	130g
Frutas	Plátano (frito)	68g	30g

PPNE: Promedio peso neto encontrado, PPNR: Promedio peso neto recomendado

Tabla 3

Dosificación de ingredientes de los caldos, sopas y cremas que se sirven en los restaurantes durante el almuerzo

Grupo de alimentos	Ingredientes utilizados	PPNE	PPNR
Verduras	Apio	5g	16g
	Cebolla	1g	15g
	Espinaca	2g	20g
	Haba	5g	15g
	Nabo	2g	15g
	Pimentón	3g	25g
	Poro	1g	15g
	Repollo	4g	24g

Grupo	Alimento	PPNE	PPNR
	Vainita	2g	20g
	Zanahoria	9g	15g
	Zapallo	6g	21g
Cereales granos	Arroz	148g	20g
	Fideo	142g	20g
	Morón	105g	30g
	Quinua	192g	30g
Carnes	Carne (res)	5g	70g
	Pollo	21g	70g
Tubérculos raíces y preparados	Papa (cocida)	52g	50g
	Chuño	37g	45g
	Yuca	6g	30g
Leguminosas	Garbanzo	1g	25g

PPNE: Promedio peso neto encontrado, PPNR: Promedio peso neto recomendado

Tabla 4

Dosificación de ingredientes de guisos y segundos que se sirven en los restaurantes durante el almuerzo

Grupo de alimentos	Ingredientes utilizados	PPNE	PPNR
Verduras	Arveja	3g	15g
	Betarraga	34g	30g
	Brócoli	14g	30g
	Cebolla	12g	25g
	Lechuga	17g	30g
	Pimentón	2g	30g
	Tomate	5g	40g
	Vainita	13g	25g
	Zanahoria	17g	20g
	Zapallo	100g	95g
Carnes y preparados	Carnes (res)	45g	120g
	Carnes (cerdo)	40g	120g
	Pollo	67g	120g
	Salchicha	7g	40g
	Hígado	67g	90g

Grupo de alimentos	Alimento	PPNE	PPNR
Pescados	Jurel	55g	130g
Huevos	Huevo (tortilla, frito)	11g	60g
Cereales granos y derivados	Arroz	184g	100g
	Choclo	36g	38g
	Fideo	219g	90g
	Maíz	5g	38g
Leguminosas, legumbres y derivados	Lenteja	84g	60g
	Pallar	29g	25g
Leche y derivados	Queso	18g	50g
Tubérculos raíces y preparados	Papa (cocida)	69g	90g
	Papa (dorada, frita)	48g	70g
	Chuño	61g	50g
	Camote	145g	70g
Salsas y cremas	Ocopa	92g	60g
Frutas y preparados	Aceituna	5g	25g

PPNE: Promedio peso neto encontrado, PPNR: Promedio peso neto recomendado

Tabla 5

Dosificación de ingredientes de los caldos, sopas y cremas que se sirven en los restaurantes durante la cena

Grupo de alimentos	Ingredientes utilizados	PPNE	PPNR
Verduras	Apio	6g	16g
	Espinaca	3g	30g
	Pimentón	2g	25g
	Poro	2g	15g
	Repollo	9g	24g
	Vainita	3g	20g
	Zanahoria	9g	15g
	Zapallo	4g	21g
Cereales granos y derivados	Arroz	137g	20g
	Fideo	175g	20g
	Maíz	1g	25g
	Morón	171g	30g
	Sémola	214g	30g

		PPNE	PPNR
Carnes	Carne (res)	11g	70g
	Pollo	29g	70g
Tubérculos y derivados	Papa (cocida)	40g	50g
	Chuño	12g	45g

PPNE: Promedio peso neto encontrado, PPNR: Promedio peso neto recomendado

Tabla 6

Dosificación de ingredientes de guisos y segundos que se sirven en los restaurantes durante la cena

Grupo de alimentos	Ingredientes utilizados	PPNE	PPNR
Verduras	Arveja	8g	15g
	Betarraga	18g	30g
	Cebolla	12g	25g
	Lechuga	19g	30g
	Tomate	7g	40g
	Vainita	10g	15g
	Zanahoria	12g	20g
Cereales granos y derivados	Arroz	168g	100g
	Fideo	130g	100g
Carnes	Carne (res)	49g	120g
	Pollo	67g	120g
Pescados y derivados	Atún en filete (conserva)	14g	124g
Tubérculos raíces y derivados	Papa (cocida)	59g	90g
	Papa (dorada, frita)	73g	70g
	Chuño	52g	50g

		104g	100g
	Olluco	104g	100g
Leguminosas y derivados	Lenteja	46g	60g

PPNE: Promedio peso neto encontrado, PPNR: Promedio peso neto recomendado

DISCUSIÓN

La necesidad de comer fuera de casa se ha vuelto una actividad cotidiana debido a diversos factores como el acceso a los alimentos, los compromisos académicos, la falta de tiempo y las exigencias laborales actuales(Omoniyi y Cosmas 2024). Esto desencadena una serie de consecuencias en el balance energético de la persona. Por lo tanto, el profesional de la salud siempre va a recomendar ingerir las preparaciones en casa, ya que de esa manera se asegura de los ingredientes utilizados y las cantidades aproximadas(Redondo Del Río et al. 2016) lo que permite elegir opciones más saludables y evitar aquellos que puedan ser perjudiciales para la salud. Algo que no ocurre cuando se come fuera, como se ha visto en los resultados presentados de los 44 restaurantes que expenden menú económico. Donde las porciones en estos restaurantes son más grandes de lo necesario conduciendo a la sobreingesta de calorías y al aumento de peso. Ya que muchos de los ingredientes de los platos excedían y otros eran deficitarios en su dosificación, teniendo excesos de dosificación en productos almidonados, los cuales aportan macronutrientes como los carbohidratos los que están asociados a un incremento de peso(Rummo et al. 2023). Esto se debe a que al ser cadenas grandes de glucosa el cuerpo los asimila más fácilmente(Baig et al. 2023) . Además, por sus efectos excitatorios a nivel nervioso, puede llegar a un nivel adictivo, lo cual se traduce en comer en exceso sin cerrar el ciclo(Zainal Arifen et al. 2024). Por otro lado, se observó un déficit notable en la dosificación de alimentos cárnicos, tanto carnes blancas, rojas, algunas vísceras, huevos y derivados lácteos como el queso. Estos alimentos brindan principalmente proteínas de alto valor biológico, que cumplen muchas funciones en la célula, en la membrana y por fuera de la célula(Chang et al. 2023), siendo esenciales para la vida en el cuerpo(Guillamón Escudero et al. 2021). Por ende, incluir proteínas en la dieta es extremadamente importante más aun que actualmente la población en promedio consume 0.5g/kg de peso(OMS s. f.), lo cual es una mega deficiencia, ya que lo mínimo recomendado es consumir 0.8g/kg de peso(Chang et al. 2023). Otro grupo de alimentos deficitarios en las dosificaciones de las preparaciones más comunes del comensal puneño son los vegetales no almidonados, como las verduras, incluyendo brócoli, repollo, espinacas, frutos como el tomate, y otros vegetales como la cebolla y el poro. Estos alimentos, al brindarnos principalmente vitaminas, minerales y fibra dietética, participan en diferentes procesos que mantienen el equilibrio metabólico de la persona(Chen et al. 2022). Se sabe que el requerimiento diario de verduras debe ser de 400g, lo cual permitirá obtener los 30g de fibra que se requiere diariamente(Meza-Ortiz, Martínez-Vázquez, y Yamamoto-Furusho 2022), y este debe ser aportado por los alimentos ingeridos en la dieta para mantener en buen estado el colon, para la regulación digestiva y el mantenimiento saludable del microbiota(Sánchez Almaraz et al. 2015).

Por lo tanto, en la actualidad, los restaurantes de menú económico son muy populares debido a la demanda de comida rápida y la búsqueda constante de satisfacción instantánea. Sin embargo, detrás de sus precios accesibles y la variedad de platos que ofrecen, surge un problema preocupante: las porciones excesivas de arroz, papa y fideos(Miramontes-Escobar et al. 2020). Estas porciones colosales no solo implican desperdicio de comida, sino que también pueden afectar negativamente la salud y el bienestar de los comensales. El consumo excesivo de carbohidratos simples, presentes en grandes cantidades de arroz, papa y fideos, puede elevar los niveles de azúcar en la sangre a largo plazo, lo que podría conducir a resistencia a la insulina y diabetes tipo 2(Ashcheulova et al. 2018). Además, estas porciones desmesuradas suelen carecer de la cantidad adecuada de proteínas y verduras, lo que resulta en una dieta desequilibrada y deficiente en nutrientes esenciales para el funcionamiento óptimo del organismo. La falta de proteínas afecta el desarrollo muscular(Chang et al. 2023), mientras que la escasez de verduras priva al cuerpo de vitaminas, minerales y fibra, elementos cruciales para la salud digestiva, inmunológica y cardiovascular(James y Wang 2019). Las consecuencias de este problema no se limitan solo a la salud individual, ya que las porciones excesivas también generan desperdicio de alimentos, lo que impacta negativamente en el medio ambiente(Carretero García 2018).

CONCLUSION

La dosificación de alimentos en los desayunos, almuerzos y cenas ofrecidos a los consumidores en las zonas de mayor afluencia de la ciudad de Puno no se ajusta a las recomendaciones de la tabla de dosificación de alimentos propuesto por el Centro Nacional de Alimentación, Nutrición y Vida Saludable del Perú. Esto se evidencia por los excesos en el grupo de cereales y tubérculos, deficiencias en la presencia de verduras, carnes y pescado, y la ausencia de frutas en los tres tiempos de comida. Por tanto, tener una frecuente asistencia a estos establecimientos que ofrecen platos con alto contenido de calorías, grasas saturadas, sodio y azúcares, y bajos en fibra y nutrientes esenciales en los diferentes tiempos de comida repercutiría en la salud de la población de Puno aumentando el riesgo de obesidad, enfermedades cardíacas, diabetes tipo 2 y otras afecciones crónicas.

REFERENCIAS

Ashcheulova, Tatiana, Ganna Demydenko, Tatiana Ambrosova, Kysylenko Kateryna, Nina Gerasimchuk, Oksana Kochubiei, Tatiana Ashcheulova, Ganna Demydenko, Tatiana Ambrosova, Kysylenko Kateryna, Nina Gerasimchuk, y Oksana Kochubiei. 2018. «Carbohydrate and Lipid Disorders and Adipokines Levels in Relation to Body Mass Index in Hypertensive Patients». *Revista Mexicana de Cardiología* 29(2):74-82.

Baig, J. A., I. G. Chandio, T. G. Kazi, H. I. Afridi, K. Akhtar, M. Junaid, S. Naher, S. A. Solangi, y N. A. Malghani. 2023. «Risk Assessment of Macronutrients and Minerals by Processed, Street, and Restaurant Traditional Pakistani Foods: A Case Study». *Biological Trace Element Research* 201(7):3553-66. doi: 10.1007/s12011-022-03429-7.

Carretero García, Ana. 2018. «Impactos sociales, económicos y medioambientales derivados de la pérdida y el desperdicio de alimentos». *Przegląd Prawa Rolnego* (2(23)):127-39. doi: 10.14746/ppr.2018.23.2.9.

Chang, Liyang, Rongrong Tian, Zili Guo, Luchen He, Yanjuan Li, Yao Xu, y Hongmei Zhang. 2023. «Low-Protein Diet Supplemented with Inulin Lowers Protein-Bound Toxin Levels in Patients with Stage 3b-5 Chronic Kidney Disease: A Randomized Controlled Study». *Nutricion Hospitalaria* 40(4):819-28. doi: 10.20960/nh.04643.

Chen, Man-Shuang, Don-Ying Wang, Hui-Yu Gong, Hui-Min Zhang, Jie Gao, y Song-Ping Luo. 2022. «The Association between Dietary Fiber and Infertility among US Women: The National Health and

Nutrition Examination Survey, 2013-2018». *Nutricion Hospitalaria* 39(6):1333-40. doi: 10.20960/nh.04056.

Guillamón Escudero, Carlos, José Miguel Soriano Del Castillo, Ángela Diago Galmés, José M. Tenías Burillo, y Julio Fernández Garrido. 2021. «Protein intake in community-dwelling postmenopausal women and its relationship with sarcopenia». *Nutricion Hospitalaria* 38(6):1209-16. doi: 10.20960/nh.03690.

Hernánzez Elizondo, Jessenia, Andrea Solera Herrera, Elizabeth Carpio Rivera, Alejandro Salicetti Fonseca, y David Hortigüela Alcalá. 2019. «Nutritional assessment and phytoestrogen exposure in a diet of students of the University of Costa Rica». *Nutricion Hospitalaria* 36(3):647-57. doi: 10.20960/nh.02109.

James, Armachius, y Yousheng Wang. 2019. «Characterization, health benefits and applications of fruits and vegetable probiotics». *CyTA - Journal of Food* 17(1):770-80. doi: 10.1080/19476337.2019.1652693.

Meza-Ortiz, Cinthya J., Sophia E. Martínez-Vázquez, y Jesús K. Yamamoto-Furusho. 2022. «Association of Dietary Fiber Consumption with Disease Activity in Ulcerative Colitis: An Exploratory Study in the Mexican Population». *Gaceta Medica De Mexico* 158(1):41-47. doi: 10.24875/GMM.M22000639.

Miramontes-Escobar, Herenia Adilene, Gladys América Prado-Guzmán, María de Jesús Toledo-Palomera, Jesús Enrique Báez-García, Sonia Guadalupe Sáyago-Ayerdi, Herenia Adilene Miramontes-Escobar, Gladys América Prado-Guzmán, María de Jesús Toledo-Palomera, Jesús Enrique Báez-García, y Sonia Guadalupe Sáyago-Ayerdi. 2020. «Perfil nutricional según niveles socio-económicos y menús proporcionados en un comedor social de México». *Universidad y Salud* 22(3):203-12. doi: 10.22267/rus.202203.192.

Omoniyi, Saheed Adewale, y Altine Cosmas. 2024. «Cooking practice and safety assessment of boiled cassava root sold in streets of Gashua, Yobe state Nigeria». *Food Chemistry Advances* 4:100562. doi: 10.1016/j.focha.2023.100562.

OMS. s. f. «Alimentación sana». Recuperado 26 de abril de 2024 (https://www.who.int/es/news-room/fact-sheets/detail/healthy-diet).

Redondo Del Río, María Paz, Beatriz De Mateo Silleras, Laura Carreño Enciso, José Manuel Marugán de Miguelsanz, Marina Fernández McPhee, y María Alicia Camina Martín. 2016. «Ingesta dietética y adherencia a la dieta mediterránea en un grupo de estudiantes universitarios en función de la práctica deportiva». *Nutricion Hospitalaria* 33(5):583. doi: 10.20960/nh.583.

Rummo, P. E., T. Mijanovich, E. Wu, L. Heng, E. Hafeez, M. A. Bragg, S. A. Jones, B. C. Weitzman, y B. Elbel. 2023. «Menu Labeling and Calories Purchased in Restaurants in a US National Fast Food Chain». *JAMA Network Open* 6(12):E2346851. doi: 10.1001/jamanetworkopen.2023.46851.

Sánchez Almaraz, Rosalía, María Martín Fuentes, Samara Palma Milla, Bricia López Plaza, Laura M. Bermejo López, y Carmen Gómez Candela. 2015. «Indicaciones de diferentes tipos de fibra en distintas patologías». *Nutrición Hospitalaria* 31(6):2372-83. doi: 10.3305/nh.2015.31.6.9023.

Singh, S., Soni, P. Lohani, A. Priya, A. Ranjan, y N. Nimavat. 2023. «Effect of Educational Intervention on Knowledge and Attitude about the

Role of Vitamins, Minerals and Nutraceuticals in COVID-19 and Other Disorders among Medical and Nursing Undergraduates of a Tertiary Care Teaching Hospital». *Clinical Nutrition ESPEN* 56:142-48. doi: 10.1016/j.clnesp.2023.05.004.

Villegas Villegas, Ricardo Yazmani. 2011. «Mejoramiento del proceso de dosificación manual en la elaboración de alimentos balanceados en la planta Balanfarina.»

Zainal Arifen, Zainorain Natasha, Suzana Shahar, Kathy Trieu, Hazreen Abdul Majid, Mohd Fairulnizal Md Noh, y Hasnah Haron. 2024. «Individual and total sugar contents of street foods in Malaysia – Should we be concerned?» *Food Chemistry* 450:139288. doi: 10.1016/j.foodchem.2024.139288.

Zheng, Hong, Xinbin Chen, Xiaoling Bu, Xia Qiu, Demeng Zhang, Yitong Zhou, Junlong Lin, Jinghong Li, Wenjun Ma, y Ying Zheng. 2023. «Assessment of Dietary Nutrient Intake and Its Relationship to the Nutritional Status of Patients with Crohn's Disease in Guangdong Province of China». *Nutricion Hospitalaria* 40(2):241-49. doi: 10.20960/nh.04395.

yes

I want morebooks!

Buy your books fast and straightforward online - at one of world's fastest growing online book stores! Environmentally sound due to Print-on-Demand technologies.

Buy your books online at
www.morebooks.shop

¡Compre sus libros rápido y directo en internet, en una de las librerías en línea con mayor crecimiento en el mundo! Producción que protege el medio ambiente a través de las tecnologías de impresión bajo demanda.

Compre sus libros online en
www.morebooks.shop

MIX
Papier aus verantwortungsvollen Quellen
Paper from responsible sources
FSC® C105338